AF343341

APICULTURE PRATIQUE

LA RUCHE DE RIBAUCOURT

Dans l'assemblée générale de la SOCIÉTÉ ROMANDE D'APICULTURE à Lausanne, septembre 1886, M. COWAN, célèbre apiculteur anglais, présenta une ruche à hausses, qu'il avait fait venir exprès du Canada et que les Canadiens considéraient comme la meilleure, la plus productive et qui, par son organisation, présentait pour un pays froid les plus grandes facilités de manutention.

Je demandai à quelques apiculteurs expérimentés ce qu'ils en pensaient ? C'est, me dirent-ils, LA RUCHE DE RIBAUCOURT avec cadres.

Monsieur COWAN a sans doute expérimenté, depuis lors, les avantages de cette ruche à hausses, puisque, dans son excellent GUIDE DE L'APICULTURE ANGLAIS, traduit en français par M. E. BERTRAND, apiculteur à Nyon, il la signale comme une des plus pratiques. En augmentant les hausses, dit-il, on empêche les abeilles d'essaimer et elle donne une grande quantité de miel [1]. Lorsque j'ai inventé ma ruche en 1860, je n'avais lu aucun ouvrage d'apiculture et je n'avais aucune idée des cadres, ni de l'espace que chaque rayon devait occuper dans une ruche. C'est en observant la largeur que les abeilles donnaient aux rayons que j'ai mis neuf porte-rayons dans ma hausse de 34 cent. mètres de largeur, ce qui donne pour chacun d'eux, de centre à centre, trente-sept à trente-huit millimètres.

Je me contentai de donner à ma hausse la capacité d'une ruche ordinaire du pays. Les liteaux placés au-dessus, comme porte-rayons, me permirent d'en faire une ruche à rayons mobiles. Elle avait 16 cent. de hauteur et 34 de largeur et de longueur et avait l'avantage de pouvoir être composée de plusieurs hausses de la même dimension. Telle qu'elle a été en principe, elle a rendu, sans contredit, des services à l'apiculture mobiliste jusqu'à l'introduction des ruches à cadres dans la Suisse française.

Avant 1885, bon nombre d'apiculteurs des plus distingués m'ont affirmé que c'était encore la ruche de Ribaucourt qui leur avait produit le plus de miel. Mais, en 1885, leurs ruchers n'étaient organisés que pour recevoir trois hausses superposées, de sorte que, par ce fait, les abeilles, dans cette année très mellifère, furent arrêtées dans leurs travaux faute de place.

Quant à moi, lorsque ma 3ᵉ hausse fut remplie, j'en ajoutai une quatrième, avec des rayons secs, entre la 2ᵉ et la 3ᵉ. Quelques jours après, les rayons de la hausse supérieure étant operculés, je lançai de la fumée, avec mon fumigateur par dessus les abeilles. En cinq minutes, elles descendirent dans les inférieures. J'enlevai ma hausse pleine de miel, mais sans abeilles. Des gants, un masque ou un voile, dont je ne me sers jamais, auraient été inutiles, puisqu'il n'y avait plus d'abeilles et par conséquent plus de

---

[1] Voir Guide de l'Apiculteur Anglais, appendice page 171.

piqûres à craindre, ce qui, pour des commençants, n'est pas à dédaigner.

Après avoir passé mes rayons au mello-extracteur, je replaçai ma hausse remplie de rayons vides, entre la 2e et la 3e qui devint la 4e et je continuai la même opération jusqu'à la fin de la miellée. J'obtins 50 livres de miel comme moyenne de mes ruches et je fis plusieurs essaims artificiels. Je ferai observer en outre que je n'ai jamais donné, même dans les plus mauvaises années, la moitié de nourriture artificielle que

j'ai vu donner aux ruches Dadant; que je n'ai pas fait usage des rayons artificiels, dont je suis loin de contester la valeur, et que mes abeilles ont construit beaucoup de nouveaux rayons, ce qui leur a coûté beaucoup de temps et employé beaucoup de miel.

Pour obtenir les résultats indiqués par M. Cowan et par M. Bertrand, traducteur de l'excellent guide de l'apiculteur anglais, je n'apporte à ma ruche que deux modifications, la première, que j'ai conseillé depuis longtemps, consiste à remplacer les réglettes par des cadres; la deuxième, de porter la hauteur de chaque hausse à 17 centimètres au lieu de 16. De cette manière,

les deux hausses inférieures ou chambres à couvain, pendant l'été, auront ensemble 34 centimètres de hauteur, 34 centimètres de largeur et 34 centimètres de longueur.

La troisième hausse et la quatrième auront la même dimension que les deux premières et seront destinées à l'emmagasinage du miel. L'on pourra aussi donner à la chambre à couvain d'une seule pièce une hauteur de 34 centimètres au lieu de 17 et avoir des cadres d'une hauteur double. Dans ce cas, il faudra avoir une porte de partition pour les colonies faibles, afin de diminuer en hiver la capacité de la ruche pour concentrer la chaleur.

La ruche de Ribaucourt, avec des hausses simples de 17 centimètres de hauteur ou double de 34, est à plafond et à tablier mobile. Chaque hausse est composée de quatre planches de 3 centimètres d'épaisseur, assemblées à mi-bois et clouées avec de longues pointes de Paris, qui s'entrecroisent au haut, au bas et au milieu.

Au haut des cloisons de devant et de derrière, se trouve une battue d'un centimètre de profondeur et de largeur, pour recevoir la projection des cadres. Le trou de vol a 15 millimètres de hauteur et 10 centimètres de largeur en été, mais en hiver, comme avant et après les grands travaux, il doit être réduit en longueur, selon la force de la colonie et n'avoir que 8 millimètres de hauteur, afin d'empêcher l'introduction des souris et de prévenir le pillage.

Les hausses simples pour la chambre à couvain mesureront 17 centimètres de hauteur, 34 centimètres de largeur et de longueur. Les cadres au nombre de 9, sont faits avec des liteaux de 7 millimètres d'épaisseur et 22 millimètres de largeur. Le liteau supérieur ou porte-rayon aura 1 centimètre d'épaisseur, sans quoi, il pourrait plier sous la pesanteur du miel. Ces cadres mesureront à l'extérieur 324 millimètres de largeur et 155 millimètres de hauteur.

Entre les cadres et les cloisons de devant et de derrière, il y aura un espace de 8 millimètres, qui permettra aux abeilles de circuler, sans les porter à construire et le bord du cadre sera à 15 millimètres du tablier.

POUR LA HAUSSE DOUBLE DE 34 CENTIMÈTRES DE HAUTEUR, LES CADRES MESURERONT A L'EXTÉRIEUR 325 MILLIMÈTRES DE HAUTEUR ET 324 MILLIMÈTRES DE LARGEUR. LES RAYONS REMPLIS DE MIEL AYANT UNE PESANTEUR DOUBLE, ON POURRA CLOUER UN SECOND LITEAU AU-DESSOUS DU LITEAU SUPÉRIEUR, ENTRE LES DEUX MONTANTS, POUR L'EMPÊCHER DE PLIER.

La place des cadres peut être indiquée par une pointe sans tête, clouée sur la battue et contre laquelle on les appuie.

Quant aux deux hausses supérieures comme magasins à miel, la hauteur du cadre pourra n'être que de 160 millimètres au lieu de 155, un centimètre de vide étant suffisant entre chacune d'elles.

La hausse supérieure devra être recouverte d'une étoffe de laine ou de grosse toile, que les abeilles propoliseront insensiblement; et, la couverture, proprement dite de la ruche consistera dans une simple planche de sapin de deux centimètres moins large que le dessus total de la ruche, afin que si cette planche venait à se voiler on n'eût qu'à la retourner.

Deux vis à crochets à angle droit, de chaque côté de la ruche, la fermeront solidement. Enfin pour faciliter le transport des hausses, on cloue au haut de chaque côté un liteau d'un centimètre d'épaisseur.

L'on nous objectera sans doute, que, pour un tel système de ruches, il faudra un rucher couvert. Mais le propriétaire d'un rucher couvert a le grand avantage de conserver ses ruches pendant bien des années et de les laisser en bon état à ses héritiers; tandis que l'on a fait l'expérience que les ruches en plein air sont vite hors d'usage, ce qui a porté dernièrement des apiculteurs très expérimentés de notre connaissance à construire des ruchers *même pour les ruches Dadant.*

Deux autres avantages qui ne sont pas à dédaigner, c'est que la manutention présente bien moins d'inconvénients dans un rucher couvert qu'en plein vent et en plein soleil et qu'un rucher fermé présente des garanties contre les indiscrétions et contre les voleurs.

Un rucher simple et commode peut être construit en planches. Un fort soliveau de

12 centimètres carrés pour le haut et le bas de la cloison sera assemblé solidement avec les deux montants. On clouera deux liteaux de 3 centimètres carrés sur le soliveau du bas et du haut de la cloison de derrière. Cela vaut mieux qu'une rainure pratiquée dans le soliveau dans laquelle l'eau séjournerait et ferait pourrir le bois. Les planches retenues en haut et en bas entre les deux liteaux, *sans l'emploi d'un seul clou*, présenteront toute la solidité désirable et elles pourront être resserrées au besoin, si elles viennent à se rétrécir, sous l'influence de la sécheresse. L'on peut aussi clouer les planches en dehors contre les soliveaux du bas et du haut de la cloison et recouvrir les jointures avec des liteaux. Pour la facilité de la manutention, le rucher aura 1m50 de profondeur. Une largeur de 2m30 pourra recevoir 5 ruches de Ribaucourt ou 4 ruches Dadant.

La hauteur comprise entre le premier soliveau et le second, soutien de la seconde rangée de ruches, sera de 85 centimètres et le premier soliveau sera à 15 ou 20 cen. du sol.

La seconde rangée de ruches occupera le même espace que la première. Si l'on veut avoir trois rangées de ruches au lieu de deux, on prendra une planche de 3 centimètres d'épaisseur et 9 cent. de largeur ; on fera des entailles carrées dans la cloison de derrière au niveau du dessus du second soliveau, soutien de la seconde rangée de ruches. On introduira ces planches de 9 cent. de largeur dans les entailles indiquées plus haut et on placera dessus une planche large qui servira de plancher. La manutention de la troisième rangée de ruches se fera alors avec la même facilité que pour les deux premières ; mais pour arriver à l'étage, il faudra une échelle double, solide avec quelques marches ou planches de 15 centimètres de largeur.

Les ennemis des ruchers couverts prétendent que les abeilles se trompent de rucher, en revenant de la campagne, ce qui entraîne la perte d'un grand nombre d'entr'elles. Nous observerons que jamais une abeille qui se trompe de ruche n'est reçue comme une pillarde, et, si elle revient de la picorée elle est toujours la bienvenue.

Quand aux reines, au moment de leurs courses nuptiales, elles peuvent aussi se tromper de ruches et être sacrifiées. Mais ceux qui font cette objection oublient que même pour de très petites colonies, un nombre considérable d'abeilles battent le rappel sur le tablier, lors de sa sortie, jusqu'au moment de sa rentrée, ce qui l'empêche de se tromper. Au reste, il est facile de placer devant la ruche un signe quelconque qui lui permettra de se reconnaître. Enfin, si l'on condamne le rucher à cause de la proximité des ruches, les unes vis-à-vis des autres, les apiculteurs de la Suisse allemande devraient abandonner leurs pavillons dans lesquels les colonies ne sont séparées que par une simple planche.

Pour toutes les ruches à cadres, il est de la plus grande importance d'obtenir toujours des constructions régulières, sans quoi elles ne vaudraient pas plus que les ruches à rayons fixes. Pour obtenir cette régularité, il faut fixer dans le cadre des morceaux de rayons *tout le long* du liteau supérieur. Si l'on peut remplir le cadre de morceaux de rayons, on les fait tenir perpendiculairement en l'entourant de bas en haut d'un mince fil de fer cuit. Il suffit que sur neuf cadres, le 2e, le 4e, le 6e et le 8e aient des commencements de rayons sur toute la longueur du porte-rayon.

En l'absence de rayons, on cloue deux liteaux l'un sur l'autre, de sorte qu'en le posant sous le liteau supérieur du cadre, il arrive au milieu. On trempe le double liteau dans l'eau froide, et on le pose sur le dessous du liteau supérieur, on le penche un peu. On verse de la cire chaude qui coule rapidement tout le long de l'angle et qui forme une languette ou commencement de rayon que les abeilles allongent et qu'elles considèrent comme leur propre ouvrage.

J'ai reçu des essaims dans des ruches ainsi préparées et toutes les constructions ont été régulières.

Nous avons indiqué au commencement de cet exposé notre manière de procéder avec les ruches à hausses et ce que nous avons dit nous paraît suffisant comme direction. Nous n'y reviendrons donc pas.

En terminant, nous ne craignons pas d'affirmer :

1° Que la ruche de Ribaucourt présente tous les avantages des ruches à cadres mobiles.

2° Qu'avec elle il n'y a presque jamais d'essaims naturels comme le dit M. Cowan, à cause de l'augmentation des hausses, selon les besoins de la colonie.

3° Que les hausses remplies, du poids de trente à trente cinq livres, peuvent être transportées facilement d'un lieu dans un autre et que l'apiculteur peut faire toutes les opérations sans accident.

4° Que les essaims artificiels peuvent se faire facilement, soit par dédoublement des hausses ou des rayons, soit par déplacement de ruches.

5° Qu'en hiver on peut transporter facilement les colonies et les faire hiverner en chambre. Les hausses, remplies d'abeilles ou de rayons secs, peuvent être empilées les unes sur les autres dans un espace restreint.

6° Enfin ce qui nous parait le plus important, c'est que, non-seulement, cette ruche est plus facile à transporter que les ruches Dadant et Layens, mais qu'elle est d'une construction plus facile et coûtera deux fois moins avec les quatre hausses que les précédentes, ce qui permettra à un apiculteur peu aisé de posséder un plus grand nombre de colonies qui, comme le dit M. Cowan, *n'essaiment pas et produisent une grande quantité de miel.*

C. de RIBAUCOURT. (1)

Fondateur et Président Honoraire de la
Société Romande d'Apiculture, Chevalier de
l'ordre du Mérite Agricole. Arzier, Vaud (Suisse).

---

(1). M. C. DE RIBAUCOURT est Français.

Extrait de **L'AUXILIAIRE** de l'Apiculteur, *etc.*

Imprimerie de l'AUXILIAIRE, rue Vascosan, 19, Amiens

III

Les RÊVES du Dr DEVAUCHELLE

SUR LA

PARTHÉNOGENÈSE[1]

Je viens vous féliciter, Monsieur, de la savante et ingénieuse critique que vous avez faite des expériences de M. DEVAUCHELLE, critique qui est à la fois brillante et irréfutable.

Moi aussi j'aurais bien des choses à vous dire à ce sujet, mais, pour le moment, permettez-moi Monsieur, que je me borne à faire quelques observations à propos des doutes et des demandes que le dit observateur avance à la fin de sa relation de l'expérience de l'année 1886.

Et, si vous jugez que ce que je vais vous dire peut être de quelque utilité pour l'histoire des abeilles, livrez-le à la publicité de votre journal impartial.

Vous savez, Monsieur, combien depuis 16 ans, je suis passionné de la mouche à miel au point d'avoir non seulement lu avec le plus grand intérêt tous vos mémoires, mais ainsi que je vous l'écrivis, j'ai voulu répéter l'une après l'autre, et non seulement une fois, *toutes* je dis *toutes* vos expériences, pour être à même de donner un démenti aux rêves des Hubériens et de témoigner la vérité à l'appui de la même vérité. Je tâcherai d'être concis le plus possible, soit parce que je sais que vous n'aimez pas les verbiages, soit pour prouver à M. DEVAUCHELLE, qui s'adresse aux apiculteurs qui ne craignent pas de trancher toutes les questions quelles qu'elles soient, que lorsque nous tranchons court, c'est précisément quand nous disons la vérité et que nous ne battons pas la campagne, comme il a fait dans sa prolixe relation sur les *Ouvrières pondeuses*.

Si j'ai dit que ce Monsieur a battu la campagne, je ne retire pas mon expression, puisque je me sens fort de lui faire toucher des doigts, que faute de connaître les mœurs et les habitudes des abeilles, il n'a pas attribué à chacun des membres composants la famille apistique les propriétés et les fonctions qui par droit nature et par nécessité appartiennent à chacun d'eux.

Cette erreur est l'origine du désordre et de la confusion qui brillent dans la conclusion que M. le Docteur a tiré de ces expériences, il en résulte aussi le motif qui a engagé M. RABACHE à recourir aux doctrines d'autres apiculteurs pour avoir des renseignements et des lumières sur des faits connus et naturels ; et que lui, faute de science véritable envisage comme des *problèmes* difficiles à résoudre et insolubles.

Et en vérité, si l'observateur picard s'était rappelé que dans la ruchette n° IV, le 12 mai, il avait trouvé une abeille parfaite, que lui-même il avait introduite, par mégarde le 25 avril, ou bien qui y était née sans que dans la visite du 29 et dans les revues des 5 et 8 mai, il l'ait aperçue ainsi que la cellule royale de

[1] Apicoltura razionale, An IV, n° 12, p. 179

laquelle elle était née ou devait naître; et, en outre s'il avait su que tous les œufs pondus par une régente, avant d'être fécondée, sont clairs, il n'aurait pas eu l'occasion, pas trop honorable pour un Docteur, de s'adresser aux apiculteurs et demander « *pourquoi les œufs déposés au début de la ponte sont restés flétris et stériles.* »

Ces œufs d'ailleurs observés les 12, 13 et 15 mai, l'ont été toujours confusément, c'est-à-dire sans nous indiquer avec une scrupuleuse exactitude leur nombre déposé jour pour jour et sans marquer un à un les alvéoles où se trouvaient les premiers œufs, afin de pouvoir les distinguer facilement des autres qui étaient pondus plus tard.

C'est précisément par cause de cette dernière et importante omission que les œufs déposés par l'abeille parfaite après son accouplement, et qui donnèrent des larves, se sont trouvés pêle-mêle avec les premiers non fécondés ; pour cela le malheureux docteur n'a pas su les reconnaître pour n'avoir pas noté les alvéoles. De là des confusions, des doutes, des incertitudes et des conséquences très-erronées. Et la demande que M. DEVAUCHELLE fait enfin sur le résultat final de l'ouvrière androgénétique n'est pas plus flatteuse pour lui ni moins curieuse que la précédente, puisque s'il s'était souvenu que le 13 mai, *il constata plusieurs œufs dans beaucoup de cellules, déposés en plusieurs sens et presque toujours au fond de la cellule.* Il devait nécessairement conclure que ces œufs y avaient été déposés par l'abeille parfaite qu'il avait constaté le 12. et non pas par une ouvrière atrophiée dont l'abdomen ne peut atteindre le bas-fond d'un alvéole quelconque. Si l'observateur avait eu présent à la mémoire le principe fondamental de l'histoire naturelle que vous avez, Monsieur, établi le premier, il se serait épargné cette curieuse demande:

«*Si l'ouvrière pondeuse a été tuée dans un combat avec la Reine, ou si elle a été supprimée par les ouvrières; ou bien après être montée à la su-*

prême fonction, elle est simplement redescendue aux humbles travaux d'ouvrière ordinaire?»

Après cela, je demande à tous les apiculteurs du monde, sans prévention et instruits, quel degré de sérieuse authenticité présente l'expérience d'un individu qui au début :

1° N'examine pas scrupuleusement si parmi les abeilles, qui se trouvent sur le rayon à couvain placé dans chaque ruchette, il n'y a pas quelque abeille parfaite ou quelque cellule royale naturelle pourvue d'œufs de larve ou de chrysalide, de laquelle elle puisse naître;

2° Qui reste 14 jours sans inspectionner les ruchettes;

3° Que dans les deux visites des 5 et 8 mai ne remarque dans la ruchette nᵒ IV ni la cellule royale ni l'abeille parfaite;

4° Que le 12 il constate cette abeille avec plusieurs centaines d'œufs ;

et 5° Qu'il aimerait faire croire que ces œufs étaient le produit d'une ouvrière atrophiée!

Oui, quel degré d'authenticité peut-elle avoir dans l'histoire naturelle une expérience si extravagante?

Je pense que pas même Mʳ LERICHE (1) qui au dire du Docteur DEVAUCHELLE en fait des belles, comme lui, ne voudra prêter fois aux rêves dorés qu'on fait en Picardie sur les ouvriers parthénogénétiques.

Par une seconde lettre, j'espère Monsieur le Directeur, pouvoir vous adresser d'autres observations sur les trois expériences récemment établies et narrées par le Docteur de *l'Etoile.*

En attendant, je vous présente, monsieur, mes saluts et avec beaucoup d'estime, je me déclare   Votre dévoué serviteur.

Ingénieur PIE BÉNINI.

Rome, 16 Décembre 1888.

---

(1) Il est fameux ce soi-disant Docteur Devauchelle de dire que j'en fais des belles; je ne pense point comme lui, j'ai tort. Qu'il se détrompe et surtout M. l'Ingénieur Pie Bénini avec lequel je suis parfaitement d'accord.   Note de M. Leriche.

IV

Les Expériences d'ULIVI et celles de DEVAUCHELLE

Par l'Ingénieur Th. GHERARDINI.

Comme nous venons de le voir (2), à l'aide de trois expériences, M. DEVAU-CHELLE a tenté, mais en vain, de détruire les vrais principes de l'histoire naturelle des abeilles, si solidement établis par le savant, autant que patient et scrupuleux observateur Don GIOTTO ULIVI. Pour que le lecteur n'ait point l'esprit troublé par toutes les belles choses racontées par l'observateur picard, nous croyons de notre devoir de reprendre chaque expérience et de faire les observations qui nous paraissent les plus opportunes.

La 1re expérience n'a pas de valeur, parce qu'elle a été commencée sans qu'on ait muni d'une grille à mère la porte de la ruche et que par suite de cette omission, ce n'est pas seulement un bourdon mais bien deux ou trois qui ont pu s'introduire dans la ruche, féconder et reféconder l'abeille parfaite, et s'en aller ensuite. Et cela en supposant dans les convées de l'observateur, il n'y avait pas un seul mâle apte à voler.

Ensuite du moment que l'abeille parfaite produit des œufs viables, il est peu intéressant de connaître leur nombre et de savoir quel est le sexe des individus qu'ils produisent ; mais c'est un signe manifeste qu'ils proviennent d'un accouplement convenable, et non du principe imaginaire et antinaturel de la parthénogénèse. Si M. DEVAUCHELLE avait soumis au microscope un peu de liqueur spermatique de la mère qu'il suppose vierge, quel grouillement de nemaspermes lui aurait frappé les yeux et

combien il aurait été étonné de sa crédulité pour les assertions d'autrui.

La seconde expérience, instituée *avec des coucains de tout âge*, sans en excepter ceux des bourdons, n'est ni plus certaine ni plus positive que la première. Après cela, quoi d'étonnant qu'un de ces bourdons ait fécondé la reine dans la ruche, avant qu'elle ne sorte? M. DEVAU-CHELLE n'a-t-il pas dit dans la première expérience que *l'abeille parfaite est fécondée à l'intérieur, et que sur ce point particulier* M. ULIVI *a raison !* Alors quand s'est-il trompé, M. DEVAUCHELLE? S'il croit se justifier en racontant le fait de l'organe sexuel mâle enlevé de la bouche d'une ouvrière, nous lui répondrons que ce membre n'était pas la matière avec laquelle il vit revenir la reine du vol de purification, que cette matière n'était que des excréments, que c'était un membre enlevé par une ouvrière à quelque bourdon resté dans la ruche et qui n'était pas sorti avec les 13 tués par l'observateur.

La 3me expérience n'étant qu'une répétition de la seconde, nous n'avons pas à faire de nouvelles observations pour démontrer que l'accouplement dans l'espace est de pure fantaisie.

Elle n'est *pas moins fantaisiste* que le *coit d'amour* l'idée que les ouvrières naines ou atrophiées puissent procurer un seul œuf. Que M. DEVAUCHELLE lise ce que M. ULIVI a écrit sur ces ouvrières pouvant engendrer (2 qu'il répète ensui-

---

(1) Voir nos 2, 3 et 4 de l'*Auxiliaire* 1889.

(2) Voir l'*Apiculture raisonnée* et les opuscules : *Les Vieux Croyants et les Nouveaux principes* et *la Formation des Sexes.*

te ces expériences et puis qu'il pleure sur le temps perdu à ces expériences et à celles reproduites à la page 302 de son bulletin de l'année 1886. (3)

L'observateur picard voit donc que sous le beau ciel d'Italie et sous la conduite de maître Toscan on a toutes les raisons possibles de ne pas croire du tout à la *parthénogenèse* ni *au vol d'amour*.

De tels faits n'ont jamais existé et n'existeront jamais, même en Picardie, pourvu que les expériences soient faites comme elles doivent être faites.

(3) Ces expériences sont reproduites dans le n° de *l'Auxiliaire* de juin 1889.

V

Les Apiculteurs Auxiliaires du Dr DEVAUCHELLE [1]

Monsieur le Directeur [2],

J'ai observé dans le dernier numéro de votre journal que la relation de la première expérience du Dr DEVAUCHELLE est suivie de 5 paragraphes relatifs au même sujet et dont on est redevable à M. RABACHE. Ce compère de l'observateur picard a-t-il compilé cet *olla podrida*, avec l'intention de pallier ainsi la belle dose de sottises faites par M. le Président ? Mais !

Je dirai en attendant à propos de ces paragraphes que depuis longtemps on connaissait que M. AUDOUIN a découvert le mycropile de l'œuf, et l'on savait encore que les larves de tous les insectes n'ont aucun trou émissaire, mais on ignorait tout à fait que les professeurs SIEBOLD et LEUCKART avaient d'une manière absolue *constaté* la parthénogenèse chez les abeilles et par des faits plus vérifiés qu'ils n'avaient été 40 ans avant eux.

Ainsi, si M. RABACHE, auteur de ces paragraphes, au lieu de *constaté* avait écrit *observé*, on pouvait fermer un œil sur l'expression dès qu'on sait bien que les observateurs abondent, mais ils sont rares, et très rares ceux qui voient la réalité ; les uns faute de moyens, d'autres faute de science.

Parmi ces derniers, on compte M. le Dr DEVAUCHELLE.

Oui, même à l'époque du savant RÉAUMUR [3], il y avait un BONNET, un TREMBLAY, un LYONNET, un BAZIN, etc., qui observaient ; et d'après des expériences faites avec soin, trouvaient la parthénogenèse chez les femelles des pucerons ; il en était de même pour RÉAUMUR. Pourtant les premiers avaient une répugnance à croire qu'il était assez démontré que ces espèces d'insectes se conservassent sans accouplements ; et M. de RÉAUMUR (Tme VI, mémoire 13', p. 348), savant physiologiste, contredit cette idée si innaturelle, et disait que lui aussi avait observé un tel fait, mais que pourtant on ne devait pas et l'on ne pouvait admettre comme principe d'histoire naturelle la gynécogenèse ou génération spontanée, qui devait se considérer comme une vraie hypothèse, dès que dans la nature *ex nihilo nihilfit*. Et M. de RÉAUMUR était dans le vrai puisque notre savant REDI a trouvé que cette extravagante supposition n'a pas été suffisamment démontrée. Et, en effet, aujourd'hui on passerait pour un bouffon si on parlait de génération spontanée en la présence de personnes qui connaissent un peu l'histoire naturelle.

Et si à l'époque actuelle des hommes peu sérieux parlent d'androtokie ou reproduction mâle sans la fécondation de l'œuf et si l'on attribue à SIEBOLD et à LEUCKART la vérification de ce fait il faut pourtant savoir que ces honorables Messieurs n'étant pas fort instruits dans la véritable histoire naturelle des abeilles, ont été induits dans l'erreur par quelque soi-disant Maître en telle matière, tandis qu'on ne connaissait pas comme on connaît aujourd'hui que la fécondation et la refécondation de l'abeille parfaite ont lieu dans la ruche et que le némasperme se change en embryon peu après avoir été introduit dans l'œuf. De façon que pour l'ignorance de ces faits, ainsi que vous dites très bien, monsieur, dans le savant mémoire intitulé *Examen critique des*

---

(1) *L'apicoltura rationale*, an IV, n° 12, p. 181.

(2) Cette lettre est adressée au directeur de *l'Apicoltura rationale* relativement à des observations présentées par M. Rabache (page 397 du n° 57 du *Bulletin de la Somme*) et complétant celles de M. Devauchelle, Président de la Société d'Apiculture de la Somme (même n°, page 392 et suivantes).

(3) Tome III, p. 229 et Tome VI, p. 523, 518 et 549, Paris 1742 et voir aussi *journal l'Apicoltora* an 1er, p. 122.

*Théories sur la parthénogenèse des abeil-
les* (3) les professeurs allemands examinè-
rent la spermatophore des abeilles parfaites
sans être sûrs de leur fécondation et refécondation aussi et ils observèrent dans des
œufs déposés depuis plusieurs jours, (4)
quelques filaments qu'ils jugèrent des némaspermes tandis qu'ils étaient des em-
bryons en formation.

Et si à ces considérations, on ajoute les
suivantes, c'est-à-dire qu'à l'époque ou
SIEBOLD comme LEUCKART, qui sont des
observateurs bien plus récents que SHIRACH
et HUBER (5 faisaient leurs examens phy-
siologiques, la science expérimentale était
dans son enfance à cause de l'imperfection
des instruments d'optique dont ils se
servaient alors ; combien leurs idées et leur
autorité perdraient de valeur en fait de
physiologie et d'histoire naturelle des
abeilles.

J'aime à croire que ces réflexions incon-
testables suffiront pour convaincre l'auteur
des cinq paragraphes qu'il a vraiment fait
une œuvre illusoire en citant ces noms pour
affirmer l'expérience de M. Devauchelle et

je crois aussi qu'il regrette bien d'avoir
reproduit quelques-unes de leurs théories
mais surtout celle qui dit « Que l'œuf d'une
femelle après l'accouplement peut pro-
duire les trois genres alors que celui d'une
femelle vierge n'en produit qu'un seul »
cette théorie d'après M. Rabache appartient
exclusivement aux excellents micrographes
et grands physiologistes SIEBOLD et LEU-
CKART (6). Probablement pour faire vite vous
n'avez pas, M. le Directeur, examiné particu-
lièrement ces cinq paragraphes et vous vous
êtes borné à en réfuter le contenu par une
petite note qui a pourtant une grande valeur
car autrement, arrivé au paragraphe cité,
vous vous seriez sans doute dérté en riant :
Heureux les apiculteurs allemands qui pos-
sèdent une race d'abeilles avec un genre de
plus que toutes les races de l'univers ; *O
sanctas gentes*. Avec quel plaisir ne verrais-
je pas ce troisième genre constaté par les
physiologistes allemands et que je serais
heureux de voir une femelle androgénétique
ou sa descendance innaturelle ?

Et c'est avec de telles idées curieuses
d'observateurs de vieille date que chez une
nation proche vantée comme instruite, qu'à
l'époque actuelle on présume d'étayer les
expériences de M. le Docteur DEVAUCHELLE
que M. GHÉRARDINI et vous, Monsieur, avez
démontrées à l'évidence remplis de négli-
gences enfantines, de grossières sottises et
de patentes contradictions ; et c'est avec
des doctrines si extravagantes que dans
cette nation on apprend la physiologie et
l'histoire naturelle de la mouche a miel.
Très bien ! En avant !

Nous allons maintenant voir ce que saura
répondre l'Observateur Picard aux observations que les oppositeurs italiens ont

---

(3) Forli 1872, Turin 1879, Paris 1880, Amiens
1881.

(4) Voir les *Annales de la Société Entomologique Belge*, VIe Année.

(5) M. RABACHE cite aussi HUBER : Ignore-t-il
que M. HUBER (*Nouvelles observations sur les
abeilles*. Paris et Genève 1814, a la page 257)
à en l'habileté d'observer vers les 11 heures du
soir, une ruche jeter un essaim ? *Vers les 11
heures du soir la ruche jeta un essaim avec
toutes les circonstances de désordre, etc).* Et
qu'on ne vienne pas nous dire que c'est une
coquille du prote, car c'est bel et bien une
hallucination, une rêvasserie de l'auteur qu'on
ne peut pas attribuer au prote ainsi que le
prouve le contexte, puisqu'on lit à la page 265
« à dix heures du soir une reine fut mise en
liberté, page 266 « pendant la nuit 2 reines se
combattirent plusieurs fois » p. 268 « pendant
la nuit du 14 au 15 il y eut un duel dont une
des reines fut la victime. »
Les abeilles de M. Huber étaient-elles par
hasard somnambules ?

J.-B. L.

---

(6) M. LEUCKART a aussi donné la figure ana-
tomique du pénis du mâle. Cette figure a été
remise par l'auteur à l'abbé KANDEN qui l'a
fait passer à M. HAMET de Paris, qui l'a publiée
dans le VIIIme Tome de *l'Apiculteur*, p. 14. Le
pénis d'après M. LEUCKART se recourberait en
dessous ; s'il en était ainsi, tout accouplement
même par simple contact, serait impossible.
Rien que cela !

J.-B. L.

faites à ses expériences ; et s'il est comme je n'en doute point un homme d'honneur et indépendant de partis, il fera en sorte de faire paraître nos écrits dans le *Bulletin*, dans le but exclusif de faire avancer la science apistique. Si nous avons tort, ce que je ne crois guère, nous dirons courageusement *peccavimus*, si au contraire, c'est lui il, dira *Mea Culpa* puisqu'il n'a pas voulu répéter les expériences d'après ces règles que vous avez sagement instituée et qu'il aurait pu apprendre par *l'Apiculture raisonnée* publiée à Amiens, en 1881, chez Cadé Van Messem.

Je vous fais maintes excuses, monsieur le Directeur, de m'être mêlé de cette question mais qu'au bout de compte me regarde aussi comme votre élève, et je vous présente mes saluts et l'assurance de mon estime.

Votre dévoué serviteur,

Dr. J. BERTINI.

VI

Les trois dernières Expériences de M. le Dr DEVAUCHELLE [1]

Avant d'examiner les trois dernières expériences de l'observateur de l'Étoile (2) nous croyons devoir rappeler au lecteur qu'au début de sa relation sur l'expérience de l'année 1886 il nous apprend que ces ruchettes *n'étaient tout simplement, qu'une ruche ayant ouverture sur ses quatre faces et divisée en quatre compartiments,* tandis que dans ses dernières expériences il paraît qu'il a changé de système, sans nous en prévenir.

Cette omission à vrai dire, non seulement ne nous plaît pas, mais elle nous fait douter que les expériences publiées l'an passé n'ont pas été exécutées dans le rucher du docteur, mais qu'elles ont été compilées plutôt dans son cabinet dans le but de paraphraser celle d'Olivi, pour les discréditer malicieusement par un fatras de doutes, de probabilités, d'hypothèses, comme cela ressort évidemment des trois révélations précédentes.

Cela dit, allons au mérite de la question et nous disons que le docteur dans la considération qui suit immédiatement la description de ce qu'il a observé le 14 août dans la ruchette de la première des expériences qu'il vient de publier dans son *bulletin* (3) ne pouvant nier que la régente avait été fécondée dans son petit logis, invente l'échappatoire, en disant qu'il *n'a pas constaté la mort des faux-bourdons en dedans de la*

grille ; *et qu'il pourrait se faire qu'un bourdon avec ses organes génitaux arrachés soit allé mourir dehors.*

Nous demandons alors quand est-ce que l'observateur nous a prévenu qu'au moment qu'il donnait la liberté à l'abeille parfaite il laissait aussi sortir et rentrer les faux-bourdons ? Quand est-ce qu'il nous a donné leur nombre précis au moment où la première fois il permit à la régente de sortir, pour en faire après un exact contrôle ? De quelle façon les régentes, déclarées par le passé incapables de se débarrasser, en volant, des parties génitales du mâle fécondateur restées fixées dans l'abdomen, et habituées pour cette opération à recourir aux bons offices des ouvrières accoucheuses rentrent-elles immédiatement au logis sans le fameux signe de l'accouplement avec le faux-bourdon ? Un mot d'explication, s'il vous plaît, M. Devauchelle. En attendant, nous nous disons convaincus, que d'or en avant les ouvrières picardes pour témoigner leur gratitude à leur illustre observateur de les avoir dispensées, et avec raison, de cette dégoûtante fonction qu'elles étaient obligées d'accomplir par la bouche, vont lui décerner un collier de petits prépuces à l'instar de ceux dont les dames de Pompéi se paraient aux fêtes de Vénus.

Nous avons aussi la conviction que par le fait reconnu comme réel, par l'observateur de l'*Étoile,* c'est-à-dire que la régente revient toujours de ses courses sans aucun signe de l'accouplement, et par la déclaration que *la fécondation a eu lieu dans la ruche,* il effaça tous les rêves de pendants et des matières qu'il s'imagina avoir vu à la vulve des abeilles parfaites dans les expériences précédentes. Après cela que M. Devauchelle détruise, s'il le peut, nos logiques conséquences sans désavouer avant

---

(1) *L'Apicoltura razionale,* an V, n° 2, p. 23, *Parturient montes nascetur ridiculus mus.*

(2). Voir *Bulletin de la Somme,* n° 12.

(3) Nous avons cru à propos de reproduire aussi ces expériences parce qu'elles ont été faites comme les autres à seule vue et sans la connaissance de l'histoire naturelle des abeilles. Malgré que pour connaître la science et l'habilité de l'observateur picard il y en avait assez des précédentes.

les faits qu'il a lui-même raconté et que cela suffise pour la première des trois dernières observations.

Passons maintenant à l'examen de la deuxième.

L'observateur Picard dans sa conclusion, avec le but de faire croire que la régente a été fécondée dehors la ruche, imagina ingénieusement que les faux-bourdons avaient été massacrés par les ouvrières ; tandis que nous observons qu'ils ont pu mourir de quelque autre maladie, et il répète que le 14 septembre la reine de cette ruchette *rentra avec une saillie d'un blanc grisâtre qui émergeait de l'extrémité de l'abdomen et cette saillie obstruait l'extrémité du ventre et qu'il ne constatait pas autre chose que cette matière blanche.*

Nous disons que la première de ces deux causes est tout bonnement un rêve d'imagination ; d'abord, parce que dans toute la durée de l'expérience, M. Devauchelle n'a jamais fait mention d'aucune chasse donnée par les ouvrières aux faux-bourdons ; ensuite, il résulte du fait, que la régente n'étant pas encore fécondée ne pouvait donner aux ouvrières le signal du massacre de ces mâles qui, tôt ou tard, devaient la féconder. Et puis, M. le docteur nous apprend-t-il que ces bourdons aient péri de mort violente, plutôt que par toute autre cause ?

On ne peut pas donner plus de valeur à la seconde supposition, c'est-à-dire à celle où il prétend que la régente a été fécondée dehors de la ruchette, parce qu'il l'a vue rentrer *avec une saillie d'un blanc grisâtre;* dès que l'observateur nous assure que le 4 septembre il y avait encore un bourdon dans la famille : *J'aperçois encore un bourdon vivant sur les rayons,* et de ce faux-bourdon on ne connaît pas la mort avant la pondaison de l'abeille parfaite d'œufs vitaux. Nous disons donc avec raison que ce faux-bourdon a fécondé la reine dans la ruchette après qu'elle s'est débarrassée des matières excrémentielles qui souillaient son derrière ; matières que le docteur visionnaire a confondu avec les membres virils, précisément pour n'avoir pas su ou voulu faire des expériences sérieuses et réelles, c'est-à-dire en prenant par les doigts les

abeilles parfaites à leur retour du vol de purification et cela tout à fait à son aise.

Que dirons-nous de la pression délicate que l'observateur faisait sur l'abdomen des faux-bourdons pour faire *jaillir* leurs organes génitaux, tandis que dans l'observation précédente il nous dit en avoir pressé un avec une telle violence *qu'il lui fit sortir complètement les cornes* remplies du liquide plutôt que d'air ?

Et que M. Devauchelle, soit un partisan acharné de l'aveugle visionnaire de Genève, François Huber, on le voit clairement dans la relation de la dernière expérience où il dit :

1° Que le 12 septembre la régente *rentra dans sa ruchette avec le bout du ventre un peu souillé d'une matière blanchâtre, moins souillée toutefois qu'à la seconde sortie du 4 septembre;*

2° Qu'il est resté *en observation une demi-heure après la rentrée de la reine, mais qu'il n'a pas vu d'abeilles sortir avec un organe de faux-bourdon ;*

Et 3° qu'aucun mâle ne s'étant présenté pour sortir il n'y en avait PROBABLEMENT plus dans la ruchette.

L'observateur de l'Étoile devrait nous dire afin que nous, qui sommes des incrédules, puissions croire à ses expériences, quelles sont les formes, combien de couleurs et les différentes solidités des membres des faux-bourdons picards, tandis que ceux de chez nous sont toujours les mêmes dans n'importe quelle saison.

Nous savons bien que les matières fécales varient de forme, de couleur et de consistance, selon la nourriture prise, mais vraiment nous ne savons pas que les membres génitaux soient sujets à de pareilles altérations ; nous ne connaissons pas non plus pourquoi les régentes pendant une saison rentrent au logis avec les membres fixés dans le bas-ventre à réclamer le concours des ouvrières pour les extraire ; tandis que dans d'autres saisons ces membres sortent librement de la vulve, ou bien ils s'y décomposent.

M. DEVAUCHELLE aurait-il aussi la bonté de nous dire, si en Picardie la probabilité, la possibilité, les incertitudes, les doutes,

les erreurs et les contradictions forment le
patrimoine scientifique de ce beau pays ?
S'il en est ainsi, que ce Monsieur continue
à faire des expériences comme par le passé
et il peut être sûr qu'il en tirera grand honneur. Mais en cas contraire, qu'il ait la
complaisance d'étudier davantage la physiologie et l'histoire naturelle des abeilles, et
ensuite qu'il renouvelle les expériences, non
pas capricieusement, ainsi qu'il l'a fait
jusqu'à présent, mais suivant les vrais principes de cette science.

Qu'il étudie d'abord sérieusement la con-
formation des parties génitales des faux-
bourdons et des abeilles parfaites ; ensuite
les causes qui forcent chacun des membres
de la famille apistique à agir d'une façon
plutôt que de l'autre ; finalement, ainsi que
nous avons fait en Italie, les mœurs et les
habitudes de la mouche à miel et puis qu'il
regrette d'avoir publié en 1888 la relation
de ses expériences.

P. G. BRUNETTI.

Borgo Sᵗ.-Lorenzo, in Mugello, 15 décembre 1888.

(Traductions françaises par V. Brandicourt.)

VII

INDEX D'APICULTEURS

Qui ont *constaté* la **Fécondation de l'Abeille parfaite** dans des *récipients*
DIVERS

———

1800-1850.   MONFORT (Luxembourg), cité par LOMBARD.
1665-1729.   Jh.-Pge. MARALDI (Nice maritime), cité par L.-F. CANOLLE.
1683-1757.   DE RÉAUMUR (La Rochelle), t. V, Mémoire IX (1).
1716-1800.   L.-J. Ma. DAUBENTON, professeur d'histoire naturelle (France), Encyclo-
       pédie, Éd. 1751.
. . . . .   Daniel WILDMAN (Angleterre), Traité traduit par le Rév. SOBESI.
1720-1793.   Charles BONNET (Suisse), cité par CANOLLE et de RÉAUMUR.
1750.   Adam Bougoulaz Izyrach (Haute-Lusace), Apiculteur de Paris, 1881, page
       374, et V. CANOLLE.
1775.   H. de LUTTICKAU (Saxe), Amnerkungzar-Verbass, et Drosde 1775, page 39.
1785.   L'Ami anonyme du P. HARASTI, Traité du R. P. HARASTI, Florence, 1785.
1789.   François HUBER (Suisse), Nouvelles Observations, t. I, pag. 20-21.
1790.   RIEMS Monseiz. (Allemagne), cité par l'abbé DELLA ROCCA, t. II.
1829.   L.-F. CANOLLE (France) Manuel, Marseille, 1829.
1868.   ZIWANSKI (Silésie), Bienenzeitung, 1870, reproduit par l'Apicoltore di
       Milano, 1870, page 343.
1868.   Professeur DE PETRIS et de ses amis (Abruzzi), journal Le Pretusio.
1869.   Abbé Giotto ULIVI (Toscane), Précis d'Apiculture, Florence 1869, et Apicol-
       tore di Milano, 1870, p. 75.
1869.   Docteur Vincent GIOLO (Vénitie), Archives de médecine vétérinaire (journal
       de Naples).
1869-1870.   John DAX (Hongrie), American bee journal, août 1870, et Apicoltore di
       Milano, 1870, p. 319.
1869-1870.   Johan STAHALA (Moravie), Bienenzeitung, septembre 1870, et Apicotore di
       Milano, 1870, p. 342.
1869-1870.   TUPPER Madame (Amérique), Bee Keeper's, journal, octobre, et Apicoltore
       di Milano, 1872, p. 95.
1869-1870.   WAITE (Amérique), Bee Keeper's, journal, 1870, et Apicoltore di Milano, 1872,
       p. 96 (2).
1870.   L'Abbé Giotto ULIVI (Toscane), Bulletin de la Société entomologique Ita-
       lienne, Florence, année II.
1871.   Doct. Vincent GIOLO (Vénitie), Bulletin du Comice agricole de Rovigo.

———

(1) À propos des observations de ce célèbre naturaliste, M. H. Hamet (*Apiculteur de Paris*, 1881,
p. 283), dit : « Les observations de Réaumur sur la fécondation de l'abeille femelle sont fort
incomplètes et ne sont aucunement concluantes. » M. l'abbé Della Rocca, au contraire (*Traité
complet sur les abeilles*, Paris, 1790, t. II, p. 171), dit : « Tout le monde connaît l'expérience de
M. de Réaumur sur l'accouplement d'une reine avec plus d'un faux-bourdon. Plusieurs autres
auteurs et surtout M. Riems, membre de la *Société Économique*, établi à Lauter, dans le Palatinat,
et célèbre pour les découvertes qu'il a faites sur l'histoire naturelle des abeilles, nous assurent
d'avoir observé ce même accouplement des reines avec des faux-bourdons. »

(2) M. Charles Dadant (*Bulletin de la Suisse romande*, n° 11, 1880) prétend que M. Waite a
déclaré que ce n'était qu'une tout ce qu'il avait écrit dans un moment de joyeuse humeur, et
fait paraître dans le *Bee Keeper's journal*. M. Dadant aurait très bien fait d'indiquer le journal
qui publia le démenti.

1871. Giotto ULIVI, Doyen (Toscane), SUR LA FÉCONDATION DE LA MÈRE-ABEILLE, Florence, imprimerie Cenniniana (3).
1872. Giotto ULIVI, Doyen (Toscane), L'AGRICOLTORE DE LUCQUES, journal, 1872, p. 101.
1872. Giotto ULIVI, Doyen (Toscane), EXAMEN CRITIQUE, etc., INDUSTRIALE ITALIANO (Forli) Emilia (4).
1872. C. E. Directeur du Rucher (Lucques), L'APICOLTORE DE LUCQUES, p. 163.
1872. L'Abbé Giotto ULIVI (Toscane), L'APICOLTORE DE LUCQUES, p. 197.
1872. W. WILLIAM CŒREY et OTIS (Amérique), AMÉRICAN BEE JOURNAL, cités par l'abbé KANDEN et APICOLTORE DI MILANO, 1878, p. 328.
1873. STRICKLER (Amérique), NATIONAL AGRICUL. AND BEE JOURNAL, New-Yorck, octobre, 1873, et Apicoltore di Milano, année 1874, p. 342 (5).
1873. L. SARTORI, (Trente), APICOLTORE DI MILANO, 1873, p. 52.
1874. Giotto ULIVI Doyen (Toscane), LA PARTHÉNOGENÈSE et la SEMI-PARTHÉNOGENÈSE Florence, typographie Cenniniana (6).
1874. SEMLITSCH (Stirie) EICHSTAEDTER BIENENZEITUNG et Apiculteur de Paris, 1874 p. 278.
1877. Professeur HASBROUCK, (Amérique), AMÉRICAN BEE JOURNAL, novembre 1878, et APICOLTORE DI MILANO, 1878, p. 376.
1878. Professeur HASBROUCK, (Amérique), AMÉRICAN BEE JOURNAL, novembre 1879, APICOLTORE DI MILANO, 1880, p. 222. (7).
1879. J. P. ARVISET, (France), APICULTEUR DE PARIS, 1879, p. 345 (8).
1879. GROTMAN (Bohême), APICOLTORE DI MILANO, 1879, p. 96 (9).
1879. Abbé Ch. KANDEN, (France), V. LES EXPÉRIENCES, BULLETIN DE L'AUBE, 1880, à pages 98, 158, 162, et l'APICULTEUR DE PARIS, 1880, page 242 (10).

---

(3) 1er Mémoire de *l'Apiculture raisonnée*.

(4) 2e Mémoire de *l'Apiculture raisonnée*.

(5) M. STRICKLER a eu une reine sans ailes de naissance et prolifique.

(6) 3e Mémoire de *l'Apiculture raisonnée*.

(7) Emporta le prix du Docteur PAMELY pour la fécondation de la reine captivité.

(8) Il constata la présence des mâles noirs et jaunes, dans des ruchées italiennes et métisses, et une même mère qui pondait des œufs mâles jaunes et des œufs mâles noirs.

(9) Nous regrettons bien que l'éminent P. PISTOIA, n'ait pas relevé les deux faits rapportés par *l'Apicoltore* de Milan, même année ; peut-être les jugea-t-il superflus en ayant enregistré d'autres semblables ; les voilà cependant : « Dans *l'Américan bee journal*, juillet 1879, on lit : « J. G. « MARTIN avait, il y a deux ans, une reine avec une aile imparfaite qui l'empêchait de voler. Elle « commença tout de même à pondre au bout de 20 jours et ses œufs ne produisaient que des mâles. » M. DAVIS avait une reine tout à fait incapable de voler ; elle sortit à plusieurs reprises sur la planchette de vol devint fécondée et pondit. Il continue ensuite : « Que dire de la théorie générale- « ment admise qu'une reine ne peut être fécondée si elle ne prend pas le vol pour rencontrer les « mâles ? »

M. DUBINI observe que DAVIS n'a pas dit si les œufs produisirent des mâles ou des femelles. Si M. le Dr DUBINI ignorait que la spermatophore d'une abeille parfaite, avant d'être fécondée n'a pas de némaspermes, tandis qu'en est rempli celle d'une abeille fructueusement accouplée, on pourrait glisser sur la malicieuse observation ; mais M. le Dr DUBINI connait tout cela, et sait aussi qu'on n'a pas examiné les spermatophores des deux abeilles-mères de MARTIN et de DAVIS. Il devait donc naturellement et logiquement conclure, que les œufs étaient fécondés ; n'importe le produit mâle ou femelle qui en résulta. *Ex nihilo nihil fit*, disait le savant M. de RÉAUMUR. Ah ! Docteur transcendental et commerçant de mères-abeilles.

(La Rédaction)

(10) M. H. HAMET dit *Apiculteur* de Paris, 1881, p. 239, « *qu'on lui avait affirmé que dans une 2me expérience, M. KANDEN avait obtenu un résultat négatif.* M. l'Abbé KANDEN était mort un mois auparavant, mais à la page 162 du *Bulletin de l'Aube* 1888 on lit (ce sont des paroles de M. KANDEN même) : « *Ainsi cette expérience fut la confirmation de la* DEUXIEME, *c'est-à-dire de celle du 9 au 11 juillet relative à la fécondation dans la ruche et prouvera pour la* QUATRIEME *fois*

1880. J. BALCH, (Amérique). BULLETIN DE L'AUBE, 1880, p. 182, et APICOLTORE DI
MILANO, p. 258.

1881. LOUCKS, (Amérique), AMERICAN BEE JOURNAL, juillet 1881, et APICOLTORE DI
MILANO, 1881. p. 317.

1882. Relation de la commission des Etats-Unis à M. COOK, président du Congrès
apistique américain (11). AMERICAN BEE JOURNAL, n° 41, octobre 1882, et
BULLETIN DE LA SOMME, n° 36, p. 468 (12).

1882. Madame CHINNI, Joséphine, (Bologne), éleveuse de mères italiennes, BULLETIN
DE LA SOMME, n° 35, p. 467 (13).

1883. PATTE-CARON, (France), directeur de l'apier de la SOCIÉTÉ D'APICULTURE DE
LA SOMME, BULLETIN de cette Société, n° 41, p. 629.

1884. Ant. CHIAPELLO, (Gênes), APICOLTORE DI MILIANO, 1884, p. 153.

1885. L'abbé DIEGO GIULIO, (Ivrée-Italie), expériences. APICOLTURA RATIONALE
JOURNAL, année I, p. 31.

1887. L'abbé DIEGO GIULIO, (Ivrée-Italie), expériences. APICOLTURA RATIONALE,
année III, p. 36.

(V. NOTA BENE).   P.-S. PISTOIA.

que la matière rapportée par la mère à son abdomen n'est pas le membre mâle. (Voir 1re Expérience *Apiculteur de Paris* 1979, p. 360, la 2me et la 3me, ibid. 1880, p. 212 et la 1re *Bulletin de l'Aube*, d°. D'ailleurs, M. HAMET ne nous apprend-il pas que M. KANDEN se disposait à compléter la critique de l'ouvrage de MM. SARTORI et du chev. de RAICHENFELS ? Est-ce que les doctrines de ceux-ci ne sont pas tout à fait contraires à celles de M. ULIVI, prouvées véritables par ses expériences ? — Et alors pour la subreptice insinuation *d'un résultat négatif dans une* DEUXIÈME *expérience ?*

(11) Reine fécondée dans la ruche, car elle eut les ailes rognées aussitôt sortie de son alvéole.

(12) A eu une abeille parfaite née sans ailes, et, tout de même a été très bonne pondeuse.

Nota Bene. On pourrait ajouter à cette longue note : M. MOREL-TURIBE, de Bellancourt (France, *Bulletin de la Somme*, n° 40, p. 578 ; Il dit que les œufs de mâles doivent être fécondées aussi bien que ceux des femelles.

J.-B.-I.